蚂蚁王国数学大战

宝柜迷踪

智慧鸟　编绘

U0964232

北方妇女儿童出版社
·长春·

图书在版编目（CIP）数据
宝柜迷踪 / 智慧鸟编绘 . -- 长春 : 北方妇女儿童出版社 , 2025. 4. -- (蚂蚁王国数学大战). -- ISBN 978-7-5585-9050-4
Ⅰ. O1-49
中国版本图书馆 CIP 数据核字第 2024XM1152 号

宝柜迷踪

BAOGUI MIZONG

出 版 人	师晓晖
策 划 人	陶 然
责任编辑	庞婧媛
开 本	787mm × 1092mm 1/16
印 张	9.5
字 数	200 千字
版 次	2025 年 4 月第 1 版
印 次	2025 年 4 月第 1 次印刷
印 刷	德州市嘉俊印刷有限责任公司
出 版	北方妇女儿童出版社
发 行	北方妇女儿童出版社
地 址	长春市福祉大路 5788 号
电 话	总编办：0431-81629600 发行科：0431-81629633
定 价	29.80 元

它们都是谁

蚁族

黛绮丝将军

蚁族的最高统帅，带领蚁族对抗敌人。

雪莉军师

蚁族重要的智囊，多次利用智慧化解蚁族的危机。

蚁族小分队队长尤妮娜

蚂蚁小分队的统帅。

侦察队长露西

侦察队员娜娜

侦察队员托妮

蚂蚁家族的叛徒。

它们都是谁

水鸟族

鸟王拉达

疾恶如仇，帮助蚁族对抗蜈蚣族。

蜈蚣族

蜈蚣王烙铁头

性格暴躁、残忍、冷酷。

谋士毒牙头

诡计多端，表情夸张，是蜈蚣王烙铁头的主要帮手。

目录

宝柜被劫 / 1

硝烟弥漫 / 6

大战前的麻烦事 / 10

蜈蚣族毒计 / 15

侦察队出动 / 19

遭遇伏击 / 23

营救计划 / 33

以逸待劳 / 39

攻防大战 / 44

天无绝人之路 / 54

大战在即 / 59

围攻毒牙城 / 64

乘胜追击 / 74

智过独木桥 / 79

误入陷阱 / 84

绝处逢生 / 89

生死选择 / 97
毒牙头的阴谋 / 102
巧解密码 / 107
找到浆果 / 112
诱敌深入 / 122

破解敌阵 / 127
最后的大决战 / 132
追踪罪魁祸首 / 137
物归原主 / 142

宝柜被劫

广袤的红森林里分布着众多动物家族，大家在这里和平共处，相安无事。特别是居于森林中央的蚁族，它们在女将军黛绮丝的治理下一直过着幸福的生活。不过，意想不到的麻烦即将找上门来。

“报告将军，出事啦！”侦察蚁露西匆忙跑进黛绮丝的作战室，“鼹鼠家族世代守护的宝柜被蜈蚣族抢走了，看守宝柜的鼹鼠姐弟也被打成了重伤！”“什么？”黛绮丝拍案而起，“蜈蚣族竟然这么霸道？这太令人气愤了！”“蜈蚣族抢走宝柜，一定在打什么鬼主意。”军师雪莉摇摇自己的触须，冷静地分析道。

“小时候我就听说有关宝柜的传说，可是，它到底有什么样的魔力呢？”露西好奇地问。

“那可是咱们红森林最后的希望啊。”雪莉告诉露西，这口宝柜还是鼹鼠家族的第二代长老在地下挖洞时偶然发现的。只要往宝柜里放进一颗浆果，第二个月，宝柜里就会自动产出更多的浆果，如果放进松果、草籽、蘑菇等美味食物也是一样。鼹鼠家族把这些粮食储存在地洞里，每当红森林遭遇严寒或干旱时，这些粮食就会成为许多动物的救命粮。

“这么厉害？那宝柜到底能产出多少浆果呢？”

“三年前，宝柜里放了 10 颗浆果，第二个月，又产生了 10 颗，第三个月还能再产生 10 颗。”黛绮丝回忆道，“三年后该有多少，我可算不清了。”

“这个问题并不难。”雪莉笑道，“发现规律了吗？宝柜每个月会自动多出 10 颗浆果。那就是第一个月有 10 颗，第二个月 20 颗，第三个月 30 颗，第四个月 40 颗……”

“太麻烦了，加了这么半天才 4 个月。得加到什么时候才能求出最后的总数哇。”露西抱怨道。

“当然，像这样一个数一个数地加下去，会非常慢。不过我们可以给加法运算加速，让它变得快起来。”雪莉不慌不忙地说。

“哦，数学运算还能加速进行？这我倒是想听听。”露西来了兴趣。

“那就是乘法呀，乘法就是加法的加速运算。现在已知每个月出现的浆果数是固定的。而一年有 12 个月，3 年就是 3 个 12 个月相加，也就是 36 个月。我们不需要 10+10+10……连续加 36 次，而是用 10×36 来让整个运算快起来。”

“那该怎么计算呢？”露西更好奇了。

“你一定是缺席了军师的数学课。”黛绮丝无奈地摇摇头，“如果用 10 来乘以别的数，直接在那个数后面加上一个零就可以了。”

“36 变成了 360？什么？这么多浆果都被蜈蚣族抢走了？”露西气得跳起来，“那可是整个红森林的共同财富，不能容忍它们这么横行霸道！”

“我决定立即出兵，为鼹鼠家族讨回公道，夺回属于大家的宝柜。”黛绮丝站起来，坚定地说。

“不过，蜈蚣族的首领烙铁头可不是好对付的。”雪莉沉思道，“它奸诈冷酷，残忍无情，将会是我们最可怕的对手。我有一种预感，这次与蜈蚣族作战，将会是一场十分惨烈的战斗。”

硝烟弥漫

做出为鼹鼠一族讨还公道的决定后，黛绮丝前去探望被打伤的鼹鼠姐弟。在那里，它听到了一个惊天阴谋。

面对前来探望的黛绮丝和雪莉，鼹鼠弟弟艰难地说道："小心，烙铁头正在聚集一支足以征服整个红森林的大军，它计划用宝柜产出的浆果作为粮饷和军费。可怕的入侵迫在眉睫！"

黛绮丝和雪莉十分震惊，如果凶残的蜈蚣族统治了红森林，对所有的动物来说都是灾难。

黛绮丝一拍大腿：“这次出兵不但要为鼹鼠族讨回宝柜，也为了红森林的和平！”

如果能在烙铁头动手前先发制人，也许就能挫败它的野心。不过，先发制人就意味着蚂蚁大军要主动出击。蚁族营地离蜈蚣族的巢穴黑湖路途遥远，徒步行军可能需要耗费大量的时间。这样一是延误战机，二是战士们走得疲惫不堪，可能有损战斗力呀。

“也许我们可以制作木轮车，用瓢虫拉车作为动力，这样既快又省事。”露西在一边建议道。

“我发明了一种更好的交通工具——热气球。不但不需要瓢虫作为动力，而且速度更快。”雪莉自豪地说。

到底采用哪种方式能节约更多的时间呢？黛绮丝决定算一算。

它知道雪莉曾经教过的内容：路程 = 速度 × 时间。现在要知道的是时间，就得用路程 ÷ 速度。

从蚂蚁营地到蜈蚣族的老巢，足足有 100 千米远，而蚂蚁大军的步行速度是每天 10 千米。如果乘坐木轮车，速度是每天 20 千米，而热气球的速度是每天 25 千米。

100÷10=10（天）　100÷20=5（天）　100÷25=4（天）

答案一目了然，乘坐热气球是最快的。

在黛绮丝的指挥下，蚂蚁大军很快准备就绪。一列列雄赳赳气昂昂的战士列队走过，步兵蚁、工兵蚁……各大兵种都摩拳擦掌，准备好好给横行霸道的蜈蚣族一点儿颜色看看。不过，最先出发的是侦察部队。按雪莉的计划，侦察兵已经选出了自己的队长——露西。这支最精锐的部队将担负摸清蜈蚣族部署的重任，一场大战迫在眉睫。大家知道，这场战斗也许决定着红森林所有动物的自由。

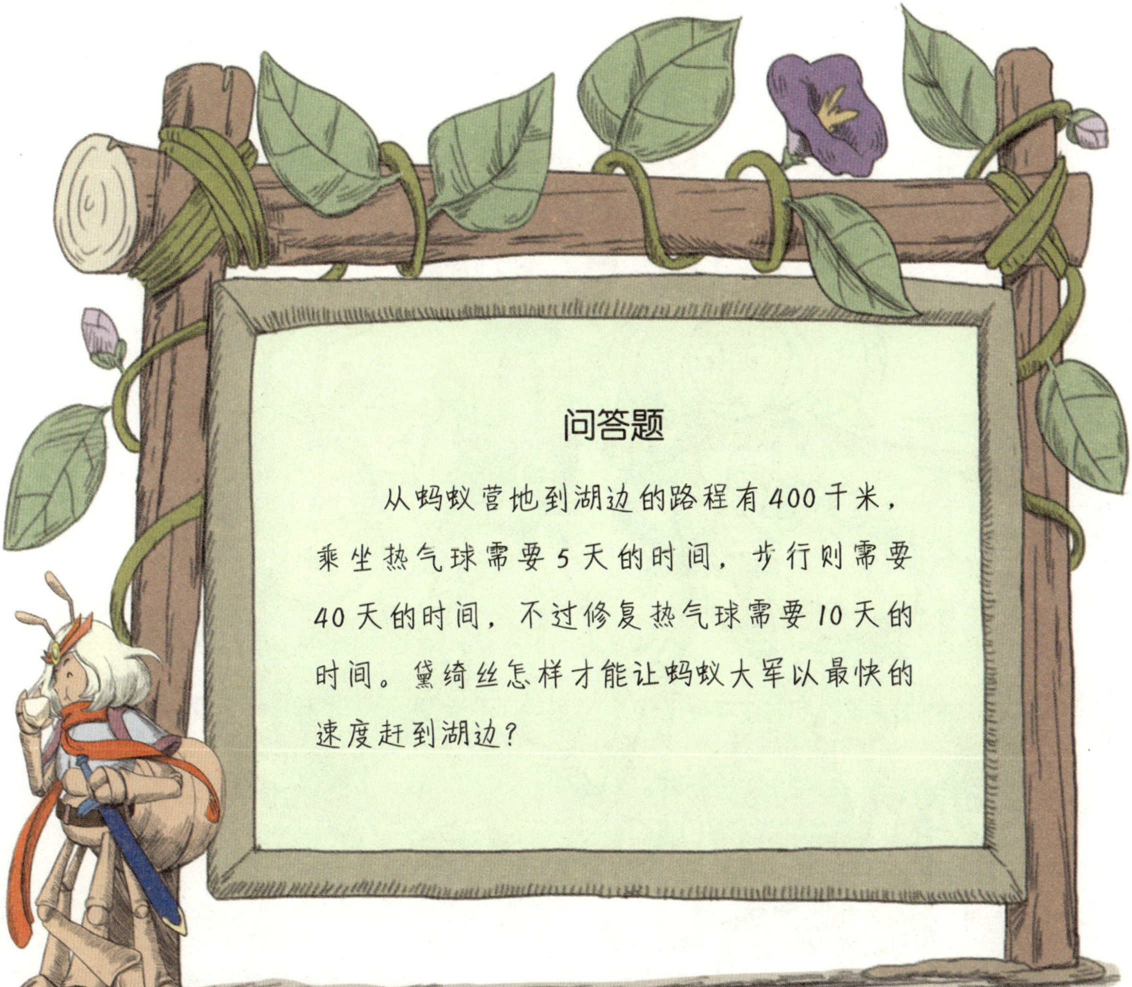

大战前的麻烦事

战备工作正在紧张地进行中，不过麻烦也接二连三地出现。

首先，是热气球实验室传来的争吵声。好奇的黛绮丝去看了看，原来工程蚁们开发出了多种不同型号的热气球。它们正为哪种型号的热气球性能更优越而争吵不休。

“1 号热气球飞得更高，我建议大量生产 1 号！”一只工程蚁说。

“不，2 号更节省燃料！”另一只反对道。

“3 号飞得更快！”

“4 号花的成本最少！”

大家吵成一团，谁也说服不了谁。它们齐刷刷地看向黛绮丝，指望英勇的将军能做出决定。可黛绮丝也被弄昏了头。这些型号的热气球看起来都各有千秋，该怎么挑选呢？它向雪莉投去了求助的目光。

“用列举和得分累加的办法就能解决这个问题。”雪莉胸有成竹地摇晃着触须说，“用 A、B、C、D 来表示 4 种型号的气球，两两进行比较，由工程蚁们集体进行评分，胜者得 2 分，反之 0 分，如果难分高下，则各得 1 分。这样一来，A 需要比 3 场就能得出和所有型号热气球的比较结果。”

	A	B	C	D
A 与 B	2	0		
A 与 C	2		0	
A 与 D	1			1
B 与 C		0	2	
B 与 D		1		1
C 与 D			2	0

“接下来，B只需要比2场，因为它和A已经分过了高下。”

“我明白了，以此类推，C需要1场……只要3+2+1=6场比赛，就能在不遗漏也不重复的情况下，挑出得分最高的热气球批量生产！”黛绮丝恍然大悟。

“这个办法不错！”先前还争得不可开交的工程蚁们也理解了雪莉的想法。它们纷纷触碰触须表示赞同。

刚处理好工程蚁们的争端，侦察蚁们又找了过来。

“黛绮丝将军，是这样的，在侦察蚁中出现了一些反对此次作战的声音，这让不少侦察蚁有些疑惑。”新被任命为侦察队长的露西说。

“怎么回事？”黛绮丝感到很惊讶。

“是侦察队副队长托妮，它在队员中大发牢骚。这让我们很为难。”露西摇摇头说道。

“让我们听听托妮的想法吧。”雪莉看了看黛绮丝，提议道。

很快，托妮就走了进来，它朝黛绮丝行了一个军礼。

“伟大的将军，我认为出兵帮助鼹鼠一族是不明智的举动。”托妮满不在乎地说。

“何出此言呢，我们不是应该帮助遇到麻烦的邻居吗？”雪莉反问道。

“它们只是又蠢又肥的鼹鼠而已，可蜈蚣族却是一个危险可怕的对手，况且，宝柜也不是我们的东西。实在犯不着为了鼹鼠族劳师动众。”托妮振振有词。

黛绮丝有些生气：“这样太自私了，蜈蚣族可是要利用宝柜变出的浆果来积蓄军粮，霸占整个红森林。如果每只动物都像你这么想，红森林就完了！”

“也许，我们可以和蜈蚣族谈谈，平分红森林……”托妮小心地说，但这让黛绮丝更愤怒了。

“我们绝不和强盗谈判，快忘掉你的想法吧！”

“好吧，尊敬的将军。”托妮鞠了一躬，退了出去。黛绮丝叹了口气，又投身到忙碌的出兵准备中。

问答题

1.5 个队进行乒乓球比赛（每两队要赛 1 场），一共要赛多少场？

2.6 个同学每两人要通 1 次电话，一共要通多少次电话？

3.7 个同学每两人要握一次手，一共要握多少次手？

蜈蚣族毒计

为夺回宝柜，蚁族战士们无不摩拳擦掌，整装待发。不过，这会儿蜈蚣族也没闲着。

“大王，这是密探送回来的消息！”一个蜈蚣族士兵毕恭毕敬地将一个小纸卷呈送给蜈蚣王烙铁头。

“哼哼。”烙铁头看完密信，得意地露出毒牙，“快去把我最信任、最有智慧的大军师毒牙头请来。”

不一会儿，面色阴沉的毒牙头出现在蜈蚣王烙铁头身后。

“恭喜大王，如我所料，一石二鸟的机会来了。”毒牙头在烙铁头旁边高兴地说。

“咱们蜈蚣族早就想一统红森林，可惜蚁族一直是咱们的绊脚石。要想主动进攻防御森严的蚁穴可不是件容易的事，不过这次……”

烙铁头激动地立起身子：“这次以宝柜引诱蚁族主动出击，然后再布下陷阱把它们一网打尽。军师你的妙计真高！只不过，咱们的陷阱到底准备得怎么样了？”

“大王放心，为了陷阱能够发挥作用，我需要制造500颗毒液炸弹。目前每天能生产20颗，已经工作了4天。不过根据情报，蚁族出动的部队数量超过了我的想象，因此我计划再多生产200颗毒液炸弹。”

“这样一来，我们岂不是要花更多的时间来制造毒液炸弹？能在蚂蚁大军抵达前完成吗？”烙铁头有些担心。

“大王别急，老臣先计算一下。工作时间 = 工作总量 ÷ 工作效率。咱们的生产效率没有发生变化，但工作总量变了。新的工作总量 = 原来的工作总量 - 已生产的工作量 + 新增的工作量。也就是 $500-20\times4+200=620$（颗）。那么，新的工作时间 $=620\div20=31$（天）。”

“什么？还需要这么久？”烙铁头急了，“来呀，传令下去：给我掰开每一只蜈蚣的毒牙收集毒液，一定要保证制造出足够多的毒液炸弹！”

“俗话说‘狡兔三窟’，狡猾的蜈蚣巢穴也该有三个洞口。”毒牙头瞅了一眼烙铁头，“为以防万一，我建议把宝柜藏到最隐秘的地方。”

“哈哈，军师，这你就多虑了。”烙铁头狂妄地大笑起来，“虽然你计谋比我多，但论冲锋陷阵，你可不如我勇敢。我会一战消灭蚁族的！”

“大王英明，恭喜大王！”毒牙头眼珠一转，赶紧行了个礼，向烙铁头告退。当确信烙铁头看不见自己之后，毒牙头阴险地笑了起来。

侦察队出动

在出兵之前，稳重的黛绮丝决定先查明敌情，这个任务自然落到了新任侦察队长露西和它的部下肩上。经过多轮比赛，露西成为当之无愧的队长，伙伴们都没有意见。就连不服气的托妮也没有再多说什么。听说要打头阵，大家都跃跃欲试，想要大显身手。

“兵贵神速，侦察兵要赶在大部队之前到达。”黛绮丝决定提前拨付一批热气球给侦察队作为交通工具。露西兴冲冲地前去工厂领取，可没过一会儿，它皱着眉头回来了。

“工程蚁说，暂时还没法儿提供我们所需要的那种热气球。”露西失望地说。

“什么原因？”雪莉和黛绮丝赶紧前去工厂。看见它们来了，工程蚁七嘴八舌地汇报起来，“侦察蚁提出，它们因为需要快速赶往前线，所以热气球的飞行速度必须比普通热气球更快。”工程蚁无奈地摊开双手，“这就使得我们不得不更改热气球的设计，具体来说，就是减少热气球左右两边的配重袋。”

“每个热气球左右两边各有三个配重袋。”另一只工程蚁解释道。

“配重袋里放着小石子儿。经过计算，为了加快速度，小石子儿的总数需要减少到 114 颗。为了尽可能减少麻烦，我们决定不改动左边三个配重袋中的小石子儿数量，也就是每个配重袋中装有 18 颗小石子儿。”

“但是，右边每个配重袋中该放多少颗小石子儿呢？”工程蚁挠挠头说，“也许我们该多做几次实验，不断地增加和减少右边配重袋中的小石子儿，才能得到最合适的数量。”

“这个问题听上去有些复杂，不过，如果我们引入方程的思维，就会变得很简单。”雪莉说。

“方程？”大家简直是闻所未闻，都好奇地看着雪莉。

“对，我们需要把右边每个配重袋放的小石子儿假设为 x，再根据数量关系写出算式。”

左边配重袋的小石子儿数量共为 18×3，而右边配重袋的小石子儿数量为 $x\times3$，它们一共有 114 颗。所以等式为 $18\times3+x\times3=114$，也就是 $54+3x=114$。那么，$3x=114-54=60$，$x=60\div3=20$（颗）。也就是说，右边每个配重袋需要放 20 颗小石子儿，问题顺利解决了。

遭遇伏击

有了热气球，侦察队很快就抵达了蜈蚣族的前沿防线——獠牙溪。露西派出了托妮等几位经验丰富的战士先侦察周围环境，再决定下一步的计划。

听鼹鼠家族说，獠牙溪旁边有蜈蚣族的哨所，是向蜈蚣族大本营黑雾谷前进的必经之路。露西盘算着，如果能突袭其中一个哨所，抓几个俘虏，也许可以从它们口中探听到敌人的情报。不过，现在不知道敌人的兵力部署，要不要冒险突袭呢？

正当露西举棋不定的时候，托妮独自回来了。

“鼹鼠们说得没错，果然有哨所，不过，没法儿从外面看见里面的兵力部署情况。”

露西有些失望，但托妮神气地摸出一张皱巴巴的纸来。

“虽然没有亲自查看，但我搞到了它们的兵力部署文件。”

“太棒了，你不愧是最优秀的侦察兵。”露西夸赞托妮。不过，能从这张纸上得到什么信息呢？

“敌人应该不会直接把总兵力写出来，看来，这里的被除数就代表总兵力。但该怎么计算呢？”露西想起雪莉曾教过它用线段来帮助思考，于是在地上画起来：

“一目了然，103 减去商 3，余数 2，以及被除数比除数的 3 倍多出来的差之后，剩下的部分刚好可以平均分成 4 份，这个数是除数的 4 倍。我们可以列出相应的算式：103−3−2−2=96，96÷（1+3）=24，也就是说，每一组士兵有 24 名。而敌人的总兵力是 74 名！”

以目前 520 名蚁族侦察兵的实力，要消灭 74 条蜈蚣应该是小菜一碟。

露西开始安排任务，侦察蚁们都摩拳擦掌，谁不想在接下来的战斗中立下头功呢？它们借着夜色的掩护悄悄接近了敌人，前方一片漆黑，正是袭击的好机会。

战斗一打响，露西就发现了不对劲。敌人的抵抗异常猛烈，远远不像只有 74 条蜈蚣的样子。而且，它们的兵力似乎越来越多，竟然逐渐从两边包围过来。

“可恶，难道我们中计了吗？”狠狠咬住一条毒蜈蚣脖颈的露西痛苦地想道。

“快走，队长！”娜娜和一些侦察兵奋力搏斗，终于杀出一条血路。露西亲自断后，终于带领大家趁着夜色撤了出来。

一番激战后，侦查蚁们无不带伤，更糟的是，托妮和几名战士也失踪了，不知它们是被敌人俘虏还是迷失了道路。无比自责的露西想知道到底是哪里出了问题。它无意中再次展开那张写有敌人兵力部署的纸，却发现在微弱的月光下，纸上的字迹有些异样。

“不对呀！”露西把纸对着月光细看，终于发现商和最后的结果“103”被谁修改过。从一些隐约痕迹中可以看出，它们把结果“207”改成了“103”。

“如果按修改前的结果计算的话，敌人的兵力实际上是152名，比74多出近一倍！”

露西追悔莫及，因为自己的粗心大意而害侦察队遭受了惨重的损失，这可怎么办？

另外，会是谁篡改了文件呢？

露西强迫自己整理了一下思绪，目前最重要的事不是内疚，而是把战友们安全地带出獠牙溪，然后再想办法寻找失踪的伙伴。可是，敌人已经有所警觉，它们必然会凭借兵力优势和对地形的熟悉前来围追堵截。怎么办呢？

“现在看来，只能依托地形进行防守了。”露西四处观察了一番，发现这里有大量的竹子和木材。如果能加以利用，将它们做成防御工事，应该可以弥补人手不足的问题。

可是，具体应该怎么部署防线呢？露西决定将防线建筑成正方形，每隔固定的一段距离，就安排一个岗哨加以固守。而岗哨之间则用泥土建成矮墙，用削尖的竹片和木头朝着外面作为防御工事。这样一来，既能节省兵力，又使得敌人不敢轻易进攻。

“根据我的作战经验，需要每隔 2 米安排一个岗哨……唔，一共需要多少岗哨？这就要看正方形的周长了。”露西说。

“正方形的边长是 40 米，一共 4 条边，就是 40 × 4=160（米）。”一只侦察蚁进行了丈量，汇报道。

“160 米的一条线段，每隔 2 米设置一个岗哨，从起点开始算，就是 160 ÷ 2=80，80 个岗哨。然后，再加上线段终点也要设置岗哨，就是 81 个。”娜娜很快口算出了答案。但它很快发现大家都像看怪物似的看着它。

“娜娜，你又糊涂了，正方形的周长展开，确实是一条线段，但这条线段变成正方形时，起点和终点是重合的，并不需要额外多加一个岗哨。”露西指出了娜娜的错误。

“啊，我总是会从一件事联想到另一件事，然后就跑得没边儿了。”娜娜尴尬地拍着头。大家都笑了起来，然后它们开始忙碌地构筑阵地。刚完工，山下就传来了刺耳的军号和战鼓声，原来是蜈蚣族的大部队来了。

露西赶紧命令大家按图中要求列队。刚刚站好，就听见前方传来一声炮响，原来蜈蚣族的追兵已经杀了过来。

“放下武器，可以饶你们不死！”为首的蜈蚣族小队长趾高气扬地说。它仗着蜈蚣数量多，完全不把蚁族侦察队放在眼里。

露西懒得和它废话，指挥战士们依托防御工事迅速进入阵地。蜈蚣族从四面八方包围过来，不过在防线前一次次碰得头破血流。每条战线上的蚁族战士都能迅速根据当前敌人的数量配合作战，丝毫不落下风。

就这样厮杀了很久，蜈蚣族小队长悻悻下令退兵，它需要更多的增援。露西借此机会也准备赶紧率部队撤退。就在此时，它听见土沟里传来了一个虚弱的声音：

“救命……”

问答题

在右图中，只能用图中已有的3个数填满其余的空格，并要求每个数字必须使用3次，而且每行、每列及每条对角线上的3个数字之和都相等。

3	5	
	7	

营救计划

露西循声找去，发现浑身伤痕的托妮躺在土沟里，看上去虚弱极了。

“我们中了埋伏……它们都被抓走了……只有我逃了出来……”托妮断断续续地说。

根据托妮的描述，它们应该是在混乱中被敌人围困。凭借丰富的经验，托妮好不容易杀出重围，而其他6只侦察蚁就没有这么好的运气了。它们力竭被俘，现在蜈蚣族正押解着它们向东边的老巢撤退。

“我忍着伤痛，躲在草丛里看见了这一幕，然后强撑着逃回来报信。幸好遇到了你们……”

看来托妮确实伤得不轻，几次都差点儿晕了过去。露西又急又气，它发誓一定要把同伴救出来。此时，一片阴影罩住了大家。抬头一看，几只大鸟翩然落下。

“天哪，黛绮丝将军，您怎么来了？”看着黛绮丝和雪莉从鸟的背上跳下来，露西十分惊喜。

“蜈蚣族诡计多端，我不太放心。作为将军，这种时候更应该亲临前线。”黛绮丝告诉它们，曾受过蚂蚁帮助的鸟王拉达答应将它们送到这里，大部队还在后面乘热气球不断赶来。听了露西的汇报，黛绮丝当机立断：“我们马上赶上去，打它们一个措手不及，救出战友。”

“可是，我们一路追赶蜈蚣族到了岔路口，这个岔路口通向三个方向，分别是风神草原、镜湖和毒牙城。到底该朝哪个方向追击呢？”露西拿不定主意。

“报告，我们抓到了三条掉队的蜈蚣，它们声称知道大部队的去向。”娜娜激动地说，并把俘虏们带了上来。它们分别叫蛇莓头，炊饼头和花生头。

“大军带着蚂蚁俘虏去了风神草原。” 蛇莓头说。

“不，回了毒牙城。”炊饼头说。

“不对，去了镜湖。”花生头说。

“你们到底谁说的是真话？”黛绮丝皱起眉头。三条蜈蚣对视一眼，争吵起来。

“炊饼头在说谎！”蛇莓头说。

“花生头在说谎！”炊饼头说。

“它们俩都在说谎！”花生头说。

黛绮丝头都要炸了：“要不，我还是向三个方向分别派出追兵吧。”

雪莉阻止了黛绮丝：“其实，这也是一个数学问题。我可以试着分析一下，就知道谁说的是真话了。”

“好，不过它们的名字实在太拗口了，就用甲、乙、丙来分别代替蛇莓头、炊饼头和花生头吧。”黛绮丝擦了一把头上的汗。

“首先，如果甲说的是真话，那么乙说的‘丙在说谎’就是假的，那丙就是说真话。这样一来，甲所说的又变成了谎话。与之前的内容矛盾。同理，如果丙没说谎，那么甲说的‘乙在说谎’又变成了假话。也就是说乙说的是真话，这样的话，‘丙在说谎’是真的，又和之前的矛盾。”

雪莉喝了口水，继续说道：“只有在乙说的是真话的情况下，甲和丙说的话都同时为假话，而且也不会互相矛盾。因此，乙，也就是炊饼头给出了正确的方向——毒牙城！”

“好，出发！”黛绮丝带着大家爬上鸟王拉达的背，一场大仗即将打响。

问答题

下午放学时，弟弟以每分钟 40 米的速度从学校步行回家。5 分钟后，哥哥以每分钟 60 米的速度也从学校步行回家。哥哥出发后，经过几分钟可以追上弟弟？

以逸待劳

有了鸟王拉达的帮助，蚁族战士果然在计划的时间内追上了蜈蚣族。

“朋友，现在可要看你的了。”黛绮丝深吸一口气，在拉达耳边说道。

“放心吧，我最喜欢刺激了。”拉达张开双翼，向地面俯冲，闪电般的在蜈蚣族头顶掠过。趁此机会，蚁族战士们抓着蒲公英降落伞从天而降，纷纷落到蜈蚣族头上。

“开始进攻！”黛绮丝下令。

突然出现的蚁群打了蜈蚣族一个措手不及，它们乱成一团，向四面八方溃逃。

露西找到了囚笼，把被俘虏的侦察蚁们放了出来。营救行动大获成功，刚才还不可一世的毒蜈蚣们很快就逃得无影无踪。留下一地的盔甲和兵器。

“接下来，我们该做什么呢？”大家问黛绮丝。

“现在，我们已经深入到了敌人防线后面，大部队在尤妮娜队长的带领下正在赶来。我的计划是，固守这里，吸引敌人的注意力，为尤妮娜队长突破敌人防线创造机会。”黛绮丝提出了一个大胆的计划，它委托鸟王拉达飞回去把自己的计划转达给尤妮娜队长。

“那么我们就得赶紧准备防御工事了。”露西说道。它是经验丰富的老兵，深知在敌人的心脏地带被包围是一件多么危险的事。

“放心，以我的经验，在这里坚守一段时间完全没有问题。”黛绮丝胸有成竹，“不过现在，我们需要先构筑阵地。”

它们目前占据着一个山头，山顶有一块平地，四面都居高临下，便于防守。根据地形的实际情况，黛绮丝决定构筑一个正方形的阵地。

“可是，这块阵地到底有多大，能容纳下我们所有的战士吗？”露西有些担心地问。

“这就得先丈量一下这块山顶的面积了。”黛绮丝吩咐工程蚁们用尺子丈量山顶平地。

“我只需要两个数字：土地的长和宽。”

“懂了，长方形的面积 = 长 × 宽，军师曾经教过我们。”露西不好意思地摸着头。

“报告将军，整块土地长 80 米，宽 40 米。”工程蚁很快就完成了任务。

“80×40=3200（平方米），这么大一块土地容纳我们所有的战士绰绰有余。”黛绮丝胸有成竹。

在黛绮丝的指挥下，蚂蚁们各就各位。它们飞快地挖掘着泥土，挖出一条又一条壕沟，又在长方形阵地的中央建起了指挥大营，将蚂蚁族的旗帜高高树立了起来。

“报告将军，敌人出现在山下！”娜娜紧急来报。

果然，透过山间的树林往下看，密密麻麻全是蜈蚣族的士兵。它们身披五彩斑斓的盔甲，你挤我，我挤你地向上爬，边爬还边大声喊着口号：

“消灭小蚂蚁，活捉黛绮丝！”

“哈哈，一群乌合之众！”黛绮丝不但没有生气，反而乐了，“我们一定能打败它们！”

攻防大战

蜂拥而来的蜈蚣族大军将烙铁头簇拥在中间，它傲慢地看着山顶忙着挖掘工事的蚂蚁们，不由得笑出声来。

“天堂有路你不走，地狱无门闯进来。小的们，进攻！”

蜈蚣族发起了猛攻，然而，雨点般的石头从山顶滚落下来，砸得毒蜈蚣们抱头鼠窜。烙铁头气得想要亲自上阵，不料一块石头飞来，将它的王冠都给打飞了，吓得烙铁头赶紧躲到禁卫军身后。

“可恶，准备毒液炸弹，消灭它们！”烙铁头气得咬牙切齿。一车车毒液炸弹被拉上阵地，用投石车抛向山顶。但蚂蚁们早有防备，它们构筑了复杂的坑道和厚厚的城墙，毒液炸弹完全无法发挥效力。毕竟，蚂蚁可是土木工程的建筑大师。

蜈蚣族士兵多，但蚁族占据地利，再加上黛绮丝高明的指挥，没让蜈蚣族占到半点儿便宜，战况陷入僵局。

“这样不行，我建议偷袭。”军师毒牙头向烙铁头献计，“蚂蚁据守的山头处于黑雾谷之中，而黑雾谷外就是拉玛湖，如果把拉玛湖的湖水引入黑雾谷，可以淹没整个山头。”

“很好，不过它们用泥土修起了一道正方形的工事，我担心水位无法漫过工事。”烙铁头有些担心。

“这很简单，拉玛湖比它们营地的最高点还要高，只要引入足够多的水量，一定能淹没整个工事。”毒牙头满不在乎地说。

“如何挖？”烙铁头来了兴趣。

“我研究了一下地形，可以从湖泊的左边挖出一条引水渠，这样，只需要 2 个小时就能淹没工事。”

“只能挖出一条引水渠吗？”烙铁头不满地说。

“当然，从右边能挖出另一条引水渠，不过那条引水渠要浅一些，淹没工事需要花 3 个小时。”

“笨蛋，就不能两条引水渠同时开挖，让湖水从左右两边同时流进来吗？”烙铁头狠狠地打了一下毒牙头的脑袋，“快，快算算这样需要多少时间？”

“啊，所需时间 = 总的水量 ÷ 每小时的水流量。我们可以把

工程总量设为 1。这么一来，单独开挖左边引水渠时，每小时的水流量可以看作$\frac{1}{2}$，而单独开挖右边引水渠的每小时水流量可以看作$\frac{1}{3}$。那在同时开挖两条引水渠后，所需的时间 $=1\div(\frac{1}{2}+\frac{1}{3})$，我们得先把两个分数的分母变成一样的数，才能进行加减运算。2 和 3 有一个共同的倍数，就是 6。左边分母 2 扩大 3 倍变成 6 后，分子也得扩大 3 倍，就是$\frac{3}{6}$，而右边则得到$\frac{2}{6}$。所以就是 $1\div(\frac{3}{6}+\frac{2}{6})$，也就是 $1\div\frac{5}{6}$。”

“直接告诉我结果！”烙铁头不耐烦地喊道。

“$1\div\frac{5}{6}=\frac{5}{6}$，也就是$1\frac{1}{5}$小时。”毒牙头恭顺地说。

“看看，时间可以缩短到不到 2 小时。我命令你，马上开工！”

蜈蚣族士兵们习惯于执行，而不擅长思考，它们立刻在毒牙头的指挥下忙碌起来。

毒牙头满意地点点头：“记住，从现在起，你们直属于我指挥，我还有更多的工作需要你们去完成，嘿嘿！”

“我们一定服从您的命令！”蜈蚣族士兵对能说会算的毒牙头佩服得五体投地，没有人知道，此刻的毒牙头正在打着一个险恶的算盘。

在连日激烈的战斗之后，战线上暂时平静下来。但黛绮丝它们不知道，蜈蚣族即将把拉玛湖的湖水引入山谷，工事下的孔洞也挖得差不多了，灭顶之灾可能就在眼前。

“只要再坚守一天，主力部队就可以突破蜈蚣族空虚的防线，到时我们内外夹击……”黛绮丝的话被侦察兵打断：“将军，不好了，不知什么原因突发洪水，已经淹到了工事外面！”

“啊，这一定是蜈蚣族搞的鬼，不过别慌，我们筑的墙足够高，洪水应该一时半会儿淹不进来。”

黛绮丝很镇定，但紧接着又来了一个坏消息。

“工事的地基开始渗水，有的地方出现了坍塌的危险！”

“这一定是蜈蚣族干的，我们大意了！”雪莉明白过来。如果有鸟王拉达在，大家还可以紧急撤退，但现在已经陷入到了严重的危机之中。

“在阵地内还有一块三角形区域，地势较高，一时半会儿不会被水淹。我们也许可以先撤到这里面，等待援兵。”露西早已侦察过了周围的地形，它提议道。

“三角形空地的面积可怎么计算呢？”黛绮丝犯了难。

“看看地形图您就能明白。”雪莉在地上画了一个草图。

“啊，看上去这个三角形的面积正好是长方形的一半哪。”黛绮丝像发现了新大陆似的喊起来。

“对，长方形的长为 80 米，它对应着三角形的底边。宽为 40 米，对应着三角形的高。这个三角形的面积 = 长方形的长 × 长方形的宽 ÷2，也可以看作三角形的底 × 三角形的高 ÷2。”

“80×40÷2=1600（平方米）。”黛绮丝口算出了答案，“虽然空间少了一半，但大家挤一挤还是有空余的，至少能为我们争取到时间。那就赶紧动手吧。”

可很快工程蚁们又慌慌张张地跑了回来：“不好，刚才测量的结果有问题。剩下的三角形高地的实际形状是这样的！”

看着新的三角形面积，黛绮丝犯愁了："之前的三角形一看就是长方形的二分之一。这个三角形跟刚才那个三角形比起来，形状有不小的变化，面积应该也变了，这可怎么算呢？"

"不用担心，我的将军。"雪莉胸有成竹，"尽管样子发生了变化，但三角形的底边和高并没有改变。"它在新的图形上加了两笔。

"看，底边和高是不是和原来一样？"

"是倒是，可这样真的没有任何影响吗？"黛绮丝还是更相信自己的眼睛。

雪莉找来一根线，用它围住三角形的各条边，然后把底边两点固定住，拉着线的顶点慢慢移动，神奇的事发生了。当线的顶点移动到长方形的一个角上时，新三角形变得和原来的三角形一样了。

"既然这样，我就放心了。"黛绮丝刚要下令开始转移，新的情况又出现了。

天无绝人之路

看来，已经没有办法再坚守防线了，当务之急是赶紧撤离。可是，怎么撤呢？

“如果把我们剩下的工事木料收集起来，可以勉强造一些小船，冒险突围。”工兵队长提议。

“这确实很冒险，大水冲破防线堤坝后，会形成激流和旋涡，我们的船恐怕难以承受，可能会牺牲不少战士。”黛绮丝陷入了沉思。

“我倒有一个主意。”在众人的目光下，雪莉说道。

“用现有的木料，制造一个超大型弹射器，把我们全部发射到对面的山腰去。”

所有的蚂蚁都被这个大胆的想法惊呆了。半晌后，工程队长说道：

“这个想法也不是完全不可能。但从这里到对面山腰，足足有20米。我倒是懂得怎么造出有足够弹力的弹射器，但不知道剩下的木料够不够用。”

“造这样一个超级弹射器，需要多少木料？”黛绮丝赶紧问道。

“怎么说也得用20平方米的木料。”工程队长给出了自己的回答，“修筑工事时倒是剩下了一大块木料，但我不确定够不够用。”

工程蚁在图纸上把木料的形状画了出来。

“这是什么意思？”黛绮丝看着工程蚁的图纸，大惑不解地问。

“这块木料是正方形，边长为 4 米。按理来说，正方形的面积 = 边长 × 边长，也就是 4×4=16（平方米）。”工程蚁试探着看了一眼雪莉。

“那绰绰有余呀。”雪莉高兴地说。

“但麻烦的是，这块木料很多地方早已被虫蛀空了。只有阴影部分还可以用来制造弹射器。像你们所看到的那样，面积要小得多，我不确定是否够用。”

“天哪，这么复杂的图形该怎么计算？”黛绮丝一筹莫展地看着雪莉。

雪莉也被难倒了，它背起双手来回绕圈圈。突然，雪莉灵机一动，想到了办法。它拿起图纸，将其撕成了四份。

“啊，军师你干什么？”工程蚁正要阻止，雪莉又把四张碎纸拼到一起，变成了一个新的图案。

“这样是不是就好算多了？”

“啊，对！阴影部分的面积 = 正方形面积 – 圆形面积。圆形面积的计算公式 =π × 半径 × 半径。π 值是固定的，也就是 3.14，而圆形的半径正好等于正方形边长的一半，也就是 2。正方形面积 – 圆形面积 =16−3.14×2×2=3.44（平方米），就算除掉边角余料也还是够用的。”

工程蚁豁然开朗，大家一致同意了雪莉的计划，尽管这一计划看上去更加天马行空，但也许只有出奇才能制胜。

所有人都紧张地参与到制造超级弹射器的工作中去。漏水的地方越来越多，眼看整个防御工事就要支撑不住了。终于，超级弹射器制造并组装完工了。

“蜈蚣族绝对想不到我们会从它们头顶飞过去。”黛绮丝笑道。为谨慎起见，它命令工程蚁先用石块进行试射。果然不出所料，石块都精准地落进了对面山腰的草丛里。

“冒险要开始了！”黛绮丝高声激励每一只蚁族战士。

大战在即

蚂蚁战士们用藤条编成笼子，再在笼子里填满草叶，然后钻到草叶的间隙里。这样一来，被弹射出去的笼子落地后就能形成良好的缓冲，防止受伤。

看着所有的战士都钻进了笼子，黛绮丝亲手斩断了弹射器的启动绳索。笼子被高高抛起，在空中划出一道弧线，精准地落在对面山腰的草丛中。

“我们成功了！”蚂蚁们欢呼起来。黛绮丝赶紧制止了它们：“嘘！别让敌人发现！”

这时候，蜈蚣族还洋洋自得地做着水淹蚁族的春秋大梦呢。而这边，黛绮丝指挥部下偷偷地绕过了蜈蚣族的营地，前去与尤妮娜队长率领的大部队会师。

“报告将军，我们已经顺利突破了蜈蚣族的前沿防线，现在派出了一支小部队向北进军以迷惑敌人，蚁族主力全被我带来了这里。”尤妮娜队长激动地触碰着黛绮丝的触角。

自作聪明的蜈蚣王烙铁头把前线大军撤回来围困黛绮丝，没想到反而让尤妮娜有了长驱直入的机会。

雪莉用打磨过的玻璃碎片充当望远镜观察远处蜈蚣王烙铁头的阵地：“它们还以为我们全部淹死了，这正是出其不意发动攻击的好机会。”

黛绮丝仔细观察蜈蚣族的阵地，发现确实像雪莉所说的那样，蜈蚣们正兴高采烈地庆祝自己的胜利。它们脱掉了盔甲，把兵器丢得满地都是，乱糟糟不成样子。

“你说得对，全体战士，开始整队！”

蚂蚁战士们在黛绮丝的指挥下迅速按小队、中队、大队的编排集合起来，没过多久它们就各就各位。但黛绮丝却皱起了眉头。

“这样可不行啊。”

原来，经过连续多次的战斗，蚂蚁士兵们也出现了大量的战斗减员。许多小队的士兵都不齐，而且，有的小队多，有的小队少。

“满编制的情况下，一个战斗小队应该有150名蚂蚁战士，可现在，你看看！”

确实，有的战斗小队还剩百多名战士，有的战斗小队只有几十名战士。如果就这样发动进攻，肯定会因为阵型不整齐而导致步调混乱，进而有可能输掉战斗。

“我们需要重新编组战斗小队来担任前锋。”黛绮丝是这样想的，在时间有限的情况下，至少让排在一线的各个小队保持人数一致。

“报数！”

经统计，前锋的 10 个小队人数分别为 115、100、130、105、75、45、85、92、107、116 名。黛绮丝又皱起了眉头，有的多，有的少，怎么才能快速地确定每个新小队的战士数量一样多呢？看来只有逐一调整了。

“不用那么麻烦，我们求平均数就可以了。”雪莉说。

“什么是平均数？”大家闻所未闻。

“用总数 ÷ 需要分配的份数，就能得到每一份的平均数。”雪莉计算起来，“（115+100+130+105+75+45+85+92+107+116）÷10=97，每个新的小队为 97 名战士。”

黛绮丝心里有数了：“传我的命令，按这个方案布阵，剩下的战士作为预备队等候命令！”

围攻毒牙城

当黛绮丝将军率领着士气饱满的将士们出现在蜈蚣族面前时，蜈蚣王烙铁头差点儿惊掉了下巴。

“这些家伙不是早就该淹死了吗？怎么反而越来越多了？”

无奈之下，烙铁头只好仓促迎战。果然不出黛绮丝所料，蚁族阵型打了烙铁头一个措手不及，蜈蚣族节节败退。

“可恶，快、快撤退！”烙铁头发现形势不妙，率先在禁卫军的保护下向后逃跑，这一来，蜈蚣族更是溃不成军。

大败的烙铁头沿途搜罗了一些残兵败将，逃进了黑雾谷深处的毒牙城中。这座城依山而建，周围拱卫着两个要塞，固若金汤。如果要想攻克毒牙城，就非得把两个要塞全部拿下才行。

“它们想在短时间内攻破所有要塞无疑是天方夜谭。”毒牙头安慰蜈蚣王烙铁头，“根据我的计算，起码要花将近 40 个小时，等到那时，我们的陷阱就完工啦，这些小蚂蚁将会自投罗网。”

听了这番话，烙铁头安心了许多，它连忙命令手下加强防守，这时，蚁族的追兵也赶到了城下。

“这里有两个要塞，它们大小不一，防守程度也不一样。”黛绮丝在侦察完敌情后，准确地做出了判断，“我们无法分兵，只能集中力量逐一攻克每个要塞。我决定先集中优势兵力啃硬骨头，只要较强的要塞被攻克，较弱的要塞自然会很快放弃抵抗。不过，我们必须搞清楚每个要塞部署了多少敌兵。”

“侦察蚁们已经打探到了蜈蚣族的兵力部署，但很不完整。”雪莉补充道，“如果从左边要塞派出 100 名蜈蚣兵到右边要塞，那么两个要塞的士兵一样多。如果从右边要塞派出 100 名士兵到左边要塞，那么右边要塞的士兵数量就只有左边的一半。”

“我听完更糊涂了，到底是多少哇？”露西抱怨道。

“这并不难。”雪莉想了想，“如果从左边派出100名士兵到右边，两边一样多，其实就意味着左边原来的士兵数量比右边多了100×2=200（名）。如果把右边的士兵派出100名放到左边，右边剩下的士兵数量就只有左边的一半。也就是说，左边的士兵现在是右边的两倍。”

“等等等等，我头都快炸了！”娜娜和露西异口同声抱怨道，“您解释得太快，我们的思维跟不上啦！”

雪莉哈哈一笑：“这样的问题，也许画图不失为一个厘清思路的好办法。”它以树枝当笔，在地上画起来：

“从图中看一目了然，当右边士兵派走100名到左边后，左边比右边多200名，又是右边的两倍，那右边剩下的士兵自然是400名，加上之前被派走的100名士兵，右边原有500名士兵。而左边肯定是700名士兵。”

“这样一来，我就有数了。”黛绮丝说。大家连忙投身到忙碌的作战准备中去，没有人注意到托妮悄悄溜出了军队大营。很快，它就消失在夜色之中。

问答题

五（1）班赵明、孙勇、李佳3名同学同时到达学校医务室，等候校医治病。赵明打针需要4分钟，孙勇包纱布需要3分钟，李佳点眼药水需要1分钟。医务室只有一位校医，校医如何安排3名同学的治病次序，才能使3名同学留在医务室的时间总和最短？

大战在即，蚁族阵地内灯火通明，蚂蚁们都忙碌地走来走去，运送石块、兵器、粮草等物资，为第二天的攻城行动做着最后的准备。

“1、2、3、4……”一队巡逻蚁神气地喊着口号走过，但它们都没发现在黑影中伸出了一对触角。很快，触角的主人也探出了头，它正是托妮。

托妮观察了一会儿，发现没有动静，于是又翻过鹿角等防御工事，朝森林深处走去。

当托妮走到一条深沟边时，从对面的树梢里传来了大声的呵斥声：

“站住，你是谁？要干什么？”

“你们又是谁？”托妮被吓了一大跳。

“我们是驻守在这里的岗哨，隶属于黑蚁第 196 团，你是谁？这么晚了要去哪里？”原来问话者是蚂蚁哨兵。

“少啰唆，我是侦察队的托妮，我们侦察队可是直属黛绮丝将军的，就凭你们也敢拦我去路？”托妮没好气地说。

“就算黛绮丝将军亲自来了，也得遵守军令！”对方倒是铁面无私，毫不通融。

“呃……是这样，黛绮丝将军交代给了我一个秘密任务，必须马上执行，你们快放我过去。”托妮见吓唬不了对方，赶紧换了个说法。

“秘密任务？黛绮丝将军倒是吩咐过，这种情况可以予以放行。不过，你得先对上口令！”哨兵挠了挠头，说道。

“口令？”托妮正在纳闷儿。哨兵掏出一张纸，在托妮面前展开：“空白处该填什么数字，快说！”

“这，这，我哪里知道今天的口令？”托妮心里嘀咕，“前三天的口令我倒是都知道，3、8、15……可也看不出什么规律呀！”

“你肯定有鬼，跟我们回去！”哨兵弯弓搭箭，对准了托妮。

“完了，竟然没有先搞清楚口令再走。”托妮满头大汗。

忽然，草丛里传来了一个声音：“24。”

“口令正确！”哨兵大吃一惊，“你又是谁？”

一队披着灰衣的蚂蚁从草丛里钻出来：“我们是侦察队，它刚刚走得急了些，没领到口令，现在可以了吧？”

“放行！”哨兵点点头。

一头雾水的托妮跟着灰衣蚂蚁小队走出老远，蚂蚁小队摇身一抖，原来是蜈蚣族军师毒牙头。它把画有蚂蚁的灰色长大衣罩在身上，夜色中看起来真的像一队蚂蚁。

“笨，这么简单的问题都答不上来，差点儿坏事！”毒牙头嘲讽道。

“你是怎么打探到口令的？”托妮十分疑惑。

“这哪里需要打探？”毒牙头嗤之以鼻，“我知道你们前三天的口令，发现其中是有规律的。”

托妮瞪圆了双眼：“哪有什么规律？”

“下面两个数相乘，再加上第一个数就可以了。如：1×2+1=3；2×3+2=8；3×4+3=15；那么最后一个就是4×5+4=24。”

原来如此，托妮恍然大悟。不过此刻的它可顾不上思考什么数学问题，而是着急地说道：

“我有重要情报向你汇报！”

毒牙头露出一个阴险的笑容：“不急，我倒是有一件更重要的事需要你去完成。事成之后，你就能得到你想要的。”

乘胜追击

围攻毒牙城的大战终于开始。鸟王拉达也带着鸟族战士们前来助阵。鸟儿们的鸟蛋过去常常被蜈蚣族偷走，它们可以说得上是老冤家对头了，这次整个鸟族都发誓要给狡诈的蜈蚣们一点儿颜色看看。在掌握了制空权之后，蚁族攻打两个要塞的战斗十分顺利，一切都按照雪莉的计划进行。守卫要塞的毒蜈蚣们纷纷抱头鼠窜。而攻下毒牙城看起来也只是时间问题。

“报告，我们已经拿下了最后的据点，现在正在粉碎敌军最后的抵抗。”有蚂蚁战士来报。

“报告，我们夺取了蜈蚣王烙铁头的司令部，在巷战中没有发现烙铁头的踪迹。”又有蚂蚁战士来报。

黛绮丝皱皱眉:“烙铁头狡诈又贪生怕死,它一定会想办法逃走。”如果不能成功堵住烙铁头，就没办法找到宝柜的下落，蜈蚣族一定还会卷土重来的，到时红森林也不会太平。

这时，露西乘着一只白鹭降落在黛绮丝面前。

“空中侦察显示，毒牙堡后面有两条小路，有两队毒蜈蚣禁卫军都打着蜈蚣王烙铁头的旗帜，但它们分开逃走了。白色禁卫军走了左边的小路，黑色禁卫军走了右边的小路。”

“真狡猾，烙铁头一定是想迷惑我们！”黛绮丝一拳砸在桌子上。

“这有什么？我们可以兵分两路追击！”露西建议。

“也不是不行，不过烙铁头很难对付，如果没有我亲自出马，很有可能放跑它。”黛绮丝左右为难。到底向左还是向右追击呢？

“报告！”托妮也来到了营帐，“我在检查战利品时，发现了一份秘密文件，可能会发现蜈蚣王的踪迹。”

黛绮丝打开秘密文件，发现上面写着一行粗体字：

“蜈蚣王烙铁头麾下的撤退计划。”

黛绮丝摇了摇头，继续往下读。文件中写道：

“计划将蜈蚣族禁卫军分为黑白两队，白色禁卫军共 66 名，白色禁卫军比黑色禁卫军的 3 倍少 6 名，负责迷惑蚂蚁军团，黑色禁卫军负责护送烙铁头陛下从右边撤离。”

“这么看来，蜈蚣王烙铁头跟着黑色禁卫军跑了，当务之急是追上它们。”黛绮丝当机立断。

“不过，黑色禁卫军有多少蜈蚣呢？”露西好奇地问道，“只有知道敌人的兵力，才好打有准备之仗。”

“密信上说，白色禁卫军比黑色禁卫军的3倍少6名。我们可以假设，如果再给白色禁卫军加上6名蜈蚣，白色禁卫军的数量就正好是黑色禁卫军的3倍。”

“那么，这个数量加上6后再除以3，就是黑色禁卫军的数量。也就是（66+6）÷3=24（名），这么点儿敌人很好对付。”露西心中有底了。黛绮丝也正式下达了命令：

“兵分两路，其中一队我亲自带领，向右追击！”

智过独木桥

黛绮丝把追击部队编成两队，自己亲自率一队追击蜈蚣王烙铁头，雪莉、露西、娜娜、托妮都在这一队里。因为黛绮丝知道，蜈蚣王烙铁头阴险残忍，它的军师毒牙头更是一肚子坏水，要对付它们，非得精兵强将不可。

在紧张的急行军之后，一条深不见底的峡谷挡住了大家的去路，还好峡谷上架着一座独木桥。看来蜈蚣族逃得十分匆忙，甚至没有来得及将桥拆掉。

黛绮丝正要上桥，草丛里突然传来一个声音："危险，别动！"

在大家的注视下，一只蜗牛慢吞吞地爬了出来。

“这座桥不能承载过重的重量，你们这么多蚂蚁上桥，一定会把桥压塌的。”

听蜗牛这么说，娜娜扑哧一声笑出声来。它指了指桥边立着的一块木牌，大声说：

“傻蜗牛，你可真是杞人忧天，你当我们不识字吗？”

木牌上写着几个大字：“本桥最大承载重量为 1 吨。”黛绮丝也注意到了这几个字。它温和地对蜗牛说：

“1吨差不多快是一辆小汽车的重量了。我们蚂蚁轻得很，再多的蚂蚁过桥都没有问题。”

蜗牛使劲摇头：“这座桥是我们蜗牛家族平时出行使用的桥。蜈蚣们经过这里时，故意修改了牌子上的数字。原文可不是1吨，而是0.000001吨。”

“天哪，这么多零，什么意思？”娜娜有点儿犹豫不决了。

“1吨=1000千克，1千克=1000克。”雪莉换算起单位。

“那，一只蚂蚁该有多少克呢？”露西和娜娜不约而同地问道。

“我们蚂蚁体重非常轻，甚至不能用克来称量，而是毫克。”

“毫克？毫克和克又有什么关系？”娜娜觉得自己被搞得更糊涂了。

“毫克和克之间也是千进制，1 克 =1000 毫克。”黛绮丝回答道。

露西趴在地上计算起来。0.000001 吨 =0.001 千克 =1 克。那么，一只蚂蚁重多少毫克呢？

“蚂蚁的体重在 20-60 毫克之间。我们都是身强力壮的战士，就算平均 50 毫克吧。”黛绮丝估计道。

“1 克 =1000 毫克。如果按平均一只蚂蚁 50 毫克计算的话，1000÷50=20（只），每次同时上桥的蚂蚁不能超过 20 只。”娜娜算出了答案。按照这个数字，黛绮丝把大家按 20 只为一组编组。果然，独木桥稳稳当当，每一只蚂蚁都安全走了过去。

“蜈蚣族在这里横行霸道，一直欺压我们蜗牛家族。今天你们一定要为民除害呀！”蜗牛恳求黛绮丝。

“放心吧，我们一定会让蜈蚣王付出代价！”黛绮丝郑重地向蜗牛许诺，然后继续踏上追赶蜈蚣族的征途。

误入陷阱

在黛绮丝的带领下，蚁族战士们终于追上了仓皇逃窜的蜈蚣王一伙。

“报告！”在最前面执行侦察任务的露西兴奋地说道，“我亲眼看见蜈蚣王和它的白色禁卫军逃进了蜈蚣族角斗场，现在应该还在里面。”

“我们只有不到200名战士，而敌人是24条负隅顽抗的毒蜈蚣。这场仗打起来不会轻松。”黛绮丝决定把优势兵力集中在自己的右翼，这样就可以率先打垮蜈蚣族的左翼。而敌人的中央和右翼也会陆续

崩溃。它记得蚁族的兵书上曾经介绍过这种专门的阵型，但在兵力部署的具体数字上却写得十分含糊。

“这个阵型需要131名士兵，中央和右翼的士兵之和比左翼士兵多15名，右翼士兵比中央士兵少11名。”黛绮丝回忆道，“天哪，为什么兵书的作者不能直接告诉我每翼该用多少士兵呢？”

“作者一定还是位数学家。”雪莉笑道，“还是用假设法来解决问题。先假设所有士兵分配到中央和右翼。那么，左翼本该分到的士兵再加上150名，就是中央和右翼士兵总数的2倍。”

“（131+15）÷2=73（名），这就是中央和右翼的士兵人数。”黛绮丝恍然大悟，“左翼士兵比中央和右翼少15人，那就是73-15=58（名）。”

“我们还知道右翼比中央少 11 名士兵，假设除去左翼分配的士兵，我们把剩下的 73 名全分配到中央，再加 11 名，这个数字正好是中央士兵的 2 倍。”雪莉说道，“（73+11）÷2=42（名）。”

“所以，中央分配到 42 名战士？那么，右翼最后剩下 131−58−42=31（名）。”黛绮丝心里有数了，“传我的命令，按这个方案布阵，剩下的战士作为预备队等候命令！”

蚂蚁战士神不知鬼不觉地占领了角斗场周围的高地，其余战士在黛绮丝的带领下埋伏起来。而蜈蚣族近卫兵一点儿都没有觉察到，它们簇拥着披着红色斗篷的蜈蚣王，懒洋洋地躺了一地。

“准备，战斗！”黛绮丝下令。密集的石块雨点般射向敌人。蜈蚣们被打得晕头转向，不知所措。

“现在，冲锋！”其他蚂蚁在黛绮丝的指挥下冲向东倒西歪的蜈蚣族士兵。它们早已失去了抵抗力，纷纷举起尾巴投降。

“我们优待俘虏！”露西神气地喊道。蚂蚁战士们把蜈蚣族士兵围在中间，而此前还不可一世的蜈蚣王则躲在斗篷里瑟瑟发抖。

“你的美梦结束了，蜈蚣王先生！”黛绮丝拉起蜈蚣王的斗篷，却大吃一惊。面前的并不是蜈蚣王，只是一条普通的毒蜈蚣。

“这是怎么回事？”就在所有蚂蚁都大惑不解的时候，角斗广场的地面突然沉了下去，四面高墙把大家全部围在了中央。

“不好，中计了！”

问答题

1. 一个班有15名同学参加跳绳比赛，他们每分钟跳绳的个数分别为93，94，85，92，86，88，94，91，88，89，92，86，93，90，89。请问每个人平均每分钟跳绳多少个？

2. 已知8个连续奇数的和是144，求这8个连续奇数是多少。

绝处逢生

眨眼间，角斗场变成了一个巨大的囚笼，把蚂蚁战士们和蜈蚣族俘虏们全部困在了中央。

在前方的高台上，慢慢露出了一堆三角形的脑袋，正是蜈蚣王烙铁头和它那狡诈的军师毒牙头。

烙铁头狞笑道："可怜的小蚂蚁们，没想到吧？虽然你们攻破了毒牙城，却掉进了陷阱，我的军师给了你们一份假情报，让你们白白追赶了半天，那只是我的替身而已。"

"什么？"黛绮丝大惊。它赶紧看向托妮，却发现托妮已经不知什么时候溜之大吉了。

“哈哈，托妮早就为我效命了。”烙铁头笑得更加邪恶。托妮迟疑地从它的披风后面钻了出来，一言不发。

“你为什么要替坏蛋卖命？”伙伴们又急又气，纷纷指责托妮。

“哼，凭我的才华，连一个侦察队长都当不上，这太不公平了！”托妮恨恨地说，“蜈蚣王答应我，立下这件大功，我就是新的蚁族将军，再也不用看别人的脸色！”

蚁族战士们纷纷痛骂托妮，可蜈蚣王尾巴一摇，在四面高墙上立起了许多模样古怪的大罐子。

“军师，你的陷阱终于派上了用场。”烙铁头高傲地用尾巴拍打毒牙头的头以示赞赏，“这些罐子里全是毒性最强的毒液炸弹。再过10分钟，它们就会被全部倾倒在广场里，到时，你们将会尸骨无存！”

“大王，这样的话我们岂不是也会给蚂蚁们陪葬？救救我们哪，大王！”被困在广场上的蜈蚣族残兵连声哀求，可蜈蚣王充耳不闻，它大摇大摆地带着托妮、毒牙头和随从掉头离开。

“再见了，小蚂蚁们！我还得赶去向你们的士兵传达这一噩耗。当它们听说连将军都阵亡了，一定会全部投降的，嘿嘿！”

“还剩 8 分钟，我们得找到出路！”露西没有灰心。可是，高墙上早已涂了一层滑溜溜的桐油，即便是善于攀爬的蚂蚁也毫无办法。

“报告将军，没有一丝缝隙可以出去！”其他侦察兵急切地报告，它们已经把广场侦察了个遍。

“等等，我恰巧知道一条密道可以离开角斗场。”突然，一条蜈蚣抬起头说道。

“你会帮我们？这不会又是个阴谋吧？”娜娜怀疑地看着它。

“没想到蜈蚣王会无情地抛弃我们这些忠勇的战士，事到如今，我也该为自己的未来打算了！”蜈蚣说道。它的话得到了其他蜈蚣的一致附和。

“目前看来，我们只能选择相信它了。”雪莉看了看正在慢慢倾斜的毒液罐子，“时间不多了。”

“我叫浆果头，跟我来！”浆果头贴着地面游走，大家赶紧跟着它穿过丛生的杂草，向角落跑去。

只见浆果头小心地拨开草丛，一扇斑驳的石门出现在大家面前。

“这是我爷爷在世时，为前任蜈蚣王修的暗道。时间太久，已经没有蜈蚣还记得这个地方了。”浆果头解释道。

黛绮丝推了推门，门纹丝不动，这才发现门上有一把密码锁，需要输入3位数字，锁边还有一些文字。

“这怎么办？谁能解开它的密码？”娜娜气得大喊。浆果头很尴尬：“我爷爷也是位数学家，特别喜欢出难题，这下看来完蛋了。”

“不，我们还有机会！”雪莉仔细思考了一会儿，发现了其中的秘密：

①“246”中有一个号码正确，位置正确；
②“258”中有一个号码正确，位置不正确；
③“692”中有两个号码正确，位置都不正确；
④“174”中没有一个号码正确；
⑤“419”中有一个号码正确，位置不正确。

“首先，密码里一定没有2。”雪莉说道，“根据条件1和条件2可以发现，如果密码中有2，那就矛盾了。”

“其次，根据条件1和3可以发现，密码中含有6和9，且9在首位，6在末尾。”黛绮丝说。

“根据2可知，密码中一定有8，且不在最后一位。”雪莉继续分析，“那么，结合我们的发现，密码应该是986！”

“还等什么？赶紧开锁吧！”露西急道。

“喀拉拉！”一声，厚重的石门开启了，而冰雹般的毒液炸弹也从头顶倾泻而下。

生死选择

好险哪，当所有战士都冲进石门的那一刻，铺天盖地的毒液炸弹几乎覆盖了整个广场。再晚一点儿，大家就都死定了。

石门后面，是一个宽大的房间，房间的每个方向都开着一扇门，房间正中央的地上放着一堆红宝石。

露西点起火把，这才发现石门中间还写着一些文字和图画：

“各归其位，否则，死！”

这是什么意思？黛绮丝借着火光细看，才发现门边还刻着密密麻麻的小字。

“这里有 9 个连在一起的房间。想离开这里，就必须把宝石分别放进所有的房间中，并且保证每排三个房间，每列三个房间，以及对角线上的房间里宝石的总数相同。否则永远无法离开密室。”

“我说，这又是你爷爷干的好事儿吧？”娜娜气得戳了浆果头一下。

“姑娘息怒哇！”浆果头吓得缩到一边，“正因为蜈蚣族也弄不懂这些玩意儿，我爷爷又没有留下解题的答案，所以这条暗道才会被废弃。”

“这要怎么摆呀？”露西觉得十分麻烦，“我连题目的意思都读不懂！”它捡起几颗红宝石把玩着，“里面该不会有什么阴谋吧？”

“这其实就是九宫格问题嘛！”雪莉突然大声说。

看着大家不解的目光，雪莉解释道：“九宫格是一种数字游戏，按门上的要求，实际上是要求我们让横向、纵向和斜向的所有数字和都相等。”

突然，黛绮丝一拍脑门儿："对了，要保证三横行的数字加起来相等，说明总数可以被3整除。450÷3=150。也就是说，每行的三个数字相加为150。"

"那么，3纵列也得如此，另外，别忘了两条对角线。"娜娜也恍然大悟。

"3个数为1组的话，我们得找到8组数，每组的和都等于150。"

娜娜又犯愁了，这样的组有数不清的可能，但某横行中一个特定的数也同时会出现在另一个纵列或对角线中。选得不好，可能会互相冲突，还是很麻烦。

黛绮丝倒是胸有成竹："我想起来了，用10–90这9个数字就可以不重复地满足要求。"它埋头在泥地上写起来：

“90+10+50，90+40+20，80+60+10，80+50+20，80+40+30，70+60+20，70+50+30，60+50+40，这里面，50 出现的次数最多，表示用到它的地方最多，所以应该填在最中间。”

娜娜若有所思：“20、40、60、80 这 4 个数字分别出现过 3 次，那应该填在 4 个角上！”

“看上去没有问题。”雪莉试着算了两遍，“现在我们赶紧试试吧！”

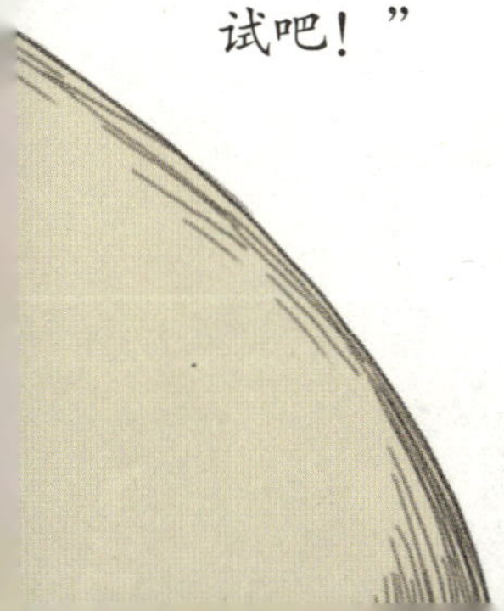

毒牙头的阴谋

在黛绮丝的带领下，大家把所有的红宝石都放进了相应的房间。果然，并没有毒烟喷出，在广场的墙面上缓缓地出现了一个洞口。一条又黑又长的密道出现在大家面前。

“爷爷好像说过，穿过这里，就能到达蜈蚣王宫殿的密室。”浆果头说。

“哪怕是龙潭虎穴，我们也闯一闯吧！”黛绮丝做出了决定。其实它们不知道的是，蜈蚣王和它的同伙此刻正在密道的那一头商量着新的坏主意。

“好不容易消灭了蚁族的将军和精兵强将，应该没有什么能阻挡我了！”烙铁头高傲地说道。

“是是是，我的陛下。”毒牙头奉承道，“不过，这几场仗打下来，我们的伤亡也很大。”

“目前我们损失了多少兵力？”烙铁头皱起眉头。

“我们损失的战士和剩下的战士加起来，是 170 名。”毒牙头耸耸肩，“损失战士数目的 1/3 比剩余战士数目的 1/4 还多 10 名。”

“够了，别再重复这些蠢话，直接告诉我人数！”烙铁头大怒。

“陛下，如果连这么简单的数学题都计算不出来，如何让手下追随您呢？”毒牙头看了一下周围的卫兵，说道。

“唔，也是。”烙铁头仰头看天，“我就算给你看看……可，二者都是分数，怎么计算出具体的数目呢？”它一筹莫展。

“哈哈，是这样的。如果给剩下士兵的人数加上 10×4=40（名）之后，损失士兵的 1/3 就正好等于剩余士兵的 1/4。这样，总人数可以看作 3+4=7（份），也就是 170+40=210，损失了 3 份，剩余了 4 份。剩下的士兵人数为 210×4/7=120（名）。不过这里还要减去一开始加上的 40 名士兵。120−40=80（名），我们还剩 80 名士兵。”

“唔，比我想象的要好。”烙铁头点点头，看向托妮，“接下来，我们要收集残余的部队，然后前往蚁族的领地，来一个直捣黄龙，最后把这个叛徒扶植为我们的傀儡。不过，光这样还不够……”

烙铁头沉吟片刻，打开了身后的保险箱，用尾巴卷出宝柜。

“有了它，我有信心说服更多的野心家加入我们的大军：黄蜂家族、毒蝎家族、苍蝇家族……宝柜可以提供源源不断的粮饷，不怕它们不服从我，嘿嘿嘿！”

话还没说完，一支毒箭从烙铁头胸前穿出。烙铁头诧异地回过头来，发现拿着弯弓对着它的正是毒牙头。

“我忍你这个愚蠢的家伙已经很久了，现在，我是蜈蚣族之王！”毒牙头冷冷地说道。

“你……你这个叛徒！”烙铁头暴跳如雷，“卫兵，抓住它！”

所有的卫兵都站到了毒牙头身后，包括托妮，原来它们早已被毒牙头收买。烙铁头这才恍然大悟，毒牙头故意借蚁族之手消灭了自己最忠诚的部下，又等着自己拿出宝柜，这才下了毒手。

“现在，我才是蜈蚣族之王！”毒牙头从奄奄一息的烙铁头那里抢过宝柜，宣布道，“所有部下，跟我出发！”

问答题

1. 蚂蚁部队一共有366名士兵，这次跟查瑞斯来到秘道的蚂蚁数，只是留在营地的蚂蚁数的$\frac{1}{2}$。请问营地和秘道各有多少名蚂蚁士兵？

2. 已知两个数的和是150，较小的数是两数之和的$\frac{1}{3}$，求这两个数。

巧解密码

在浆果头的指引下，蚁族战士穿过密道，终于闯进了蜈蚣王的宫殿密室。但它们看到的，却是倒在地上的蜈蚣王烙铁头。

“天哪，这里发生了什么？”娜娜吃惊地叫道，“是谁杀死了蜈蚣王？”

“可恶，我还没死呢！”蜈蚣王烙铁头挣扎着想从地上爬起来，“听我说，我和你们都上当了！”

蜈蚣王告诉黛绮丝，它误信了军师毒牙头的怂恿，霸占宝柜并发动了一场战争。但现在看来，他是被毒牙头利用了。

“你们得……阻止它，替我出……出一口心头的恶气！”

烙铁头用尾巴拉着黛绮丝的触角，努力说道。然后，它松开了尾巴，倒在地上，死去了。

“想不到蜈蚣王的下场竟然是死在叛徒手上！”雪莉感叹道。

“我们不也差点儿死在叛徒手上吗？”露西生气地说。它为托妮的背叛耿耿于怀。

“我并不想替蜈蚣王报仇，但必须赶紧阻止毒牙头。否则，我们的家就全毁了！”黛绮丝说道。当务之急是离开这里，追上毒牙头。

蚂蚁战士们想要冲出密室，却发现一道厚厚的门挡住了去路。原来毒牙头做贼心虚，怕其他蜈蚣族发现蜈蚣王被害的真相，于是把密室锁了起来。

“又是一把密码锁，我们得解开密码。”娜娜喊道。

这把密码锁看上去更加复杂，密码锁上写着解密规则。

“如果破解不开，我们就无法出去。”露西说。

浆果头摇摇头：“你们太小看蜈蚣族的密码了，我听说这种密码一旦输错，或者在规定的时间内无法破解，整个密室都会自毁，与闯入者同归于尽！”

“天哪，你们蜈蚣族太歹毒了！”露西感叹道。

“有办法的。”雪莉说，“仔细观察，中间圆圈上的数既是横线上的数，也是竖线上的数，这叫共有数，处于关键位置。要使得横竖相等，共有数最好是一个不大也不小的数。”

“那应该就是5了。”娜娜试探着说道。

“剩下的数，要保证大小搭配，这样才能让搭配的两个数的和相等。”雪莉继续说道。

“1和9，2和8，3和7，4和6……”黛绮丝喃喃自语。

“让我们试试吧。”雪莉在大家惴惴不安的目光下输入密码。毕竟万一错了的话，一切就全完了。

“啪”的一声，锁开了。

找到浆果

黛绮丝带领大家冲出密室，来到了蜈蚣族的宫殿，此时这里已经空荡荡的，看来毒牙头已经带领手下出发了。

“它们的目标一定是我们的家，必须马上追上去！”黛绮丝很清楚，如果蜈蚣族偷袭成功，前线的蚁族大军一定会军心大乱，陷入混乱。

突然，露西挥动长矛喝道：“是谁？站住！”

墙角冒出了几条黑影，它们快速移动起来，但善战的蚂蚁战士早已一拥而上，将它们团团围住。

“手……手下留情啊，我们只是信使而已！”为首的一条蜈蚣瑟瑟发抖，娜娜从它身上搜出一张纸条。

“尊敬的毒蝎族大王，为表达诚意，现将蜈蚣族储存的浆果全数奉上，希望您能尽快带兵增援，助我一臂之力，必有厚报。”

“什么储存，明明就是霸占了宝柜变出来的浆果！”娜娜愤愤地说，“可这些浆果藏在什么地方呢？还有，信背后的这些数字又是什么意思呢？”

“蜈蚣族周围有许多个山头，为了便于防守，都一一进行了编号。”浆果头指着蜈蚣王指挥台上的一张地图，“据我所知，浆果就藏在其中一个山头里。但只有少数心腹才知道具体位置。”

“这么说，信上的数字应该是密码，破译了它，就知道浆果到底藏在哪里。”黛绮丝明白过来。可这些数字没头没尾，连算式都不是，怎么破解呢？

“只要是密码，一定有某种规律，我们需要尽力观察。”雪莉冷静地想了想，“可是1、4、9、16、（　）这些数字好像没有什么关联，括号里到底是什么数字呀？”

“1、4、9、16、（　）这些数字应该有某种规律。而（　）中的数字就是藏浆果的山头编号。毒牙头害怕自己忘掉浆果藏在哪里，所以需要把它记录下来，但它又害怕被别人看见，所以才用这样一串有规律的数字来提醒自己。这样别人也看不懂。”

“可这里面藏着什么规律呢？”露西冥思苦想，“唔，数字越来越大。4 比 1 大 3，9 比 4 大 5，16 比 9 大 7，那么，下一个数应该比 16 大 9 才对！应该是 16+9=25！”

露西高兴地喊起来，它发现相邻两个数的差正好是一个越来越大的奇数数列。

“我跟你想的不一样。”娜娜说，“1=1×1，4=2×2，9=3×3，16=4×4，那么，下一个数应该是5×5=25。”

“哈哈，真有趣，一种排列方式竟然藏着两种不同的规律。”露西觉得数学真是神奇极了。

“兵分两路，派20名战士前去寻找浆果，并通知鼹鼠家族前来搬运，其他战士跟我前去追击毒牙头！”黛绮丝当机立断做出了决定。

问答题

1. 有一列数，1，4，2，8，5，7，1，4，2，8，5，7……第58个数是多少？这58个数相加的和是多少？

2. 有一列数，5，6，2，4，5，6，2，4……第128个数是多少？这128个数相加的和是多少？

安排好人手寻找浆果后，黛绮丝指挥剩下的战士继续追击毒牙头。蜈蚣的行动速度比蚂蚁快，它们即便是争分夺秒也很难赶上对手，这成了个大难题。

“有啦！现在是几点？”雪莉似乎想到了什么，它扭头问黛绮丝。

黛绮丝看了看太阳下的树影，正好是中午 12 点。

“这就好办了，我们赶紧向南出发！”雪莉舒了口气。

“敌人在向西前进，我们却要向南？”黛绮丝大为不解，这不是越追越远吗？

“追击蜈蚣王烙铁头前，我还送了一封信给鸟王拉达，我和它有过约定，请它今天中午12点从老鹰峡率队出发，前来接应我们。而老鹰峡，就在我们的正南方。”雪莉解释道。

“太好了，有了鸟族的接应，我们应该能够追上毒牙头一伙！”黛绮丝激动地晃动着触角。

“不能光等着鸟族，我们最好也迎上去，这样能节省更多的时间。”雪莉说。

“对！”黛绮丝赞同道，“不过，这样能节省多少时间呢？”

“从老鹰峡到这里有 7700 米，如果我们不动，以鸟族 50 米/分钟的速度，需要花 154 分钟，但如果我们现在迎着鸟族前进，这就变成了一个相遇问题。”雪莉说。

“相遇问题？”大家还是第一次听说这个词。

“对，解决它也很简单。”雪莉在地上写下一个公式：总路程 ÷ 速度和 = 相遇时间。

“看上去好像很难，但只要有了这三个数中间的任何两个，都可以求出第三个数。”

“我们和鸟族的速度虽然不一样，但因为相向而行，路程总会越来越短，那就意味着我们的速度可以加起来。”黛绮丝好像明白了什么。

“对，我们现在的行军速度是 5 米 / 分钟，鸟族的行军速度是 50 米 / 分钟，彼此的距离，也就是总路程为 7700 米。所花的时间就是 7700÷（5+50）=140（分钟）。”

“154−140=14，能够节省 14 分钟，看上去虽然不多，但现在每一分钟对我们来说都很宝贵。”黛绮丝说道，“另外，我们应该也能算出可以在什么地方和它们相遇吧？”

“140 分钟后，我们能走 700 米，而鸟族能前进 7000 米，从地图上看，正好是古树池塘一带。”雪莉口算出了答案。

“好，接近那里时，我们可要擦亮眼睛，千万别错过了。”黛绮丝指挥大家动身南下，浆果头却自告奋勇要求随同前往。

“蜈蚣王和毒牙头让我们去送死，你们蚂蚁却不一样。蜈蚣族中也有很多并不想打仗的兄弟，让我们去说服它们吧。”

“不行，谁知道你们会不会打什么鬼主意？”露西一口拒绝了浆果头，但黛绮丝却阻止了露西。

“我愿意相信你，红森林的和平需要尽可能多的动物来参与其中。”它的这番话感动了在场的蜈蚣们。

诱敌深入

根据雪莉的办法，蚁族战士们向南行军，果然在古树池塘遇到了鸟王拉达和它的卫士。

“我的朋友们，希望一切还来得及。”鸟王拉达热情地请蚂蚁战士们爬到自己背上，但很快皱起眉头，“它们是谁？狡猾的蜈蚣族！”

黛绮丝劝说道：“这几条蜈蚣已经幡然悔悟，它们愿意和我们一起去阻止这场灾难。”

“我相信你，老朋友。”鸟王拉达想了想，转向浆果头，“来吧，不过你得承诺，此后不能再偷偷蜇我们鸟族的幼鸟！”

“如果我不守信，就让我的尾巴和脖子打成一个死结，永远无法解开！”浆果头发下了蜈蚣族最毒的誓言。鸟族和蜈蚣族终于达成了和解。

在鸟族的帮助下，蚂蚁战士们果然抢先一步返回了大本营，增援力量也源源不断地从四面八方赶来：蚯蚓家族、青蛙家族、松鼠家族、刺猬家族……而自以为是的毒牙头还被蒙在鼓里，等待它们的将是一场迎头痛击。

黛绮丝在桌子上摊开地图："根据前线侦察，毒牙头即将进入马蹄山谷。这里像一个口袋，进来容易，出去可就困难了。我们准备在这里布下阵型，迎击毒牙头。"

雪莉点点头："根据毒牙头惯用的布阵特点，我们这一次需要把联军编组成方阵，才能够挡住蜈蚣族的进攻。"

"什么叫作方阵？"一条蚯蚓翘起头来问道。

"战士列队，横着叫行，竖着叫列，如果行数和列数都相等，正好排成正方形，就叫方阵。"雪莉说。

“方阵分空心方阵和实心方阵两种，我们这一回需要摆出的是实心方阵。”黛绮丝进一步详细解释道。

大家一致同意这计划。但具体该怎么安排人手呢？

“每个方阵至少最外层一共要安排60名战士。”雪莉想了一下，给出了一个数字。

“那么，整个方阵需要多少战士呢？”蚯蚓又发问了。

“方阵有一些特点：每边的人数相等，相邻两层每边的人数相差2。”雪莉叼着笔说道，“另外，实心方阵总数 = 外层每边个数 × 外层每边个数。而方阵最外层每边个数 = 方阵最外层总人数 ÷ 4+1。”

“那么，方阵最外层每边个数为 60÷4+1=16（个）。整个方阵要用到：16×16=256（个）战士。”小蚯蚓的脑袋转得很快，直接报出了答案。

“如果是空心方阵，又该安排多少人手呢？看来等大战结束后，我得好好研究下这二者的区别了。”黛绮丝拍了拍脑袋，“现在，大家开始准备战斗吧！”

问答题

1. 红领巾公园内一条林荫大道全长 800 米，在它的一侧从头到尾等距离地摆放 41 个垃圾桶，请问每两个垃圾桶之间相距多少米？

2. 一条马路的一边每隔 4 米新装了一些广告牌，因为一头是桥墩，所以没有装，小兰从头到尾数了一下，一共数到了 42 块广告牌。请问这条马路长多少米？

破解敌阵

当蚁族战士们刚做好准备，蜈蚣族大军也浩浩荡荡地走了过来，这一路上，毒牙头以宝柜作为诱饵，怂恿了许多其他部族加入战斗。双方兵力旗鼓相当，看来定有一场激战。

“知己知彼才能百战百胜，要是能知道蜈蚣族联军排兵布阵的安排就好了。”黛绮丝犯愁道。

“我去！”浆果头自告奋勇，“我属于蜈蚣族，便于打入它们内部。而且，我也可以把毒牙头的所作所为告诉其他不明真相的蜈蚣族成员。”

黛绮丝仔细想了想，答应了浆果头的请求。毕竟没有比它更合适的选择了。

到了后半夜，浆果头返回了蚁族联军的大营。

“这一次，我成功说服了许多过去的老朋友，它们都十分痛恨毒牙头这个阴险的家伙，发誓明天作战时绝对不会替它卖命。”

“另外，我还找到了毒牙头的布阵图，可惜，只有布阵图的前半部分。”浆果头摸出一卷残破的纸来。

“这是？”黛绮丝一时有些不明白。

“毒牙头明天会摆出三角阵型，用三角的顶点向你们发起冲锋。图上每一个数字，代表在这个位置上的士兵人数。”浆果头解释道。

“阵型一共有20行，可惜这张纸上只有前三行的士兵人数。”浆果头叹了口气，“另外，毒牙头会躲在三角阵型底边的两个顶点上。但到底是左边还是右边，我就不清楚了。”

“从作战的角度来说，我们应该诱敌深入，让敌人三角阵的尖头孤军深入，然后从左右两翼包抄三角阵底边的两个顶点，擒贼先擒王。只是……”黛绮丝皱眉道，“敌我双方势均力敌，不了解对方底边顶点的兵力分配情况，我不好办哪。”

“不，一目了然！”雪莉的话让大家都为之一惊。

“你莫非能神机妙算？”浆果头不相信地问道。

“算是吧。你们看，三角阵的数字排列是有规律的。”雪莉指了指纸条。

“先看最左边，实际上是1、3、7……这样的数列，用后面的数减前面的数，可以得到新的结果：2、4、6、8……1+2=3，3+4=7……按此规律推断，第20个数字会是381。而最右边的数列是1、5、11、19，用后面的数减去前面的数，你能发现规律是4、6、8……也就是1+4=5，5+6=11……所以第20个数为423。”雪莉一脸轻松地说道。

“你真是我的好军师！”黛绮丝忍不住抱起雪莉转了几圈。这下子，就可以针锋相对地部署迎战的兵力了。

最后的大决战

第二天的清晨，当太阳升起时，蜈蚣族和蚁族联军已经摆好阵势，一场大战就此拉开帷幕。一开始蜈蚣族联军来势汹汹，蚁族中央阵线连连后退。但当两翼士兵在黛绮丝的指挥下开始包抄敌人时，蜈蚣族的部队也开始混乱起来。

“势头不妙哇！”毒牙头虽然诡计多端，可胆子比蜈蚣王烙铁头小多了。它开始考虑万一失利，该怎么逃走才好。

“兄弟们，毒牙头和烙铁头从来不把我们的生命放在眼里，你们别再为它们卖命了！”

浆果头在前线大喊，许多蜈蚣族士兵都动摇起来，这下，蜈蚣族联军的阵型开始朝后退却，接着逐渐溃败。大家你挤我，我踩你，开始不顾一切地逃跑。不过，有黛绮丝提前准备好的封锁线，蜈蚣族联军插翅难飞，它们最后全放下了武器，就地投降。

“清点俘虏！”黛绮丝命令道。然而，结果让它很是意外，毒牙头和托妮都不在其中，看来，它俩带着宝柜逃走了。

“报告，有一名蜈蚣族俘虏声称它知道毒牙头的去向。”露西激动地说，并把俘虏带了上来。

“大王饶命，我什么都说！”俘虏一见到黛绮丝，害怕地跪在地上。

“快起来，我可不是什么大王。”黛绮丝无奈地摇摇头，“听说你知道毒牙头逃到哪里去了？”

“是，小的绝无半句虚言。”俘虏连声说道，“战斗打响还没多久，大王就……那个贪生怕死的败类毒牙头就向毒牙城的方向逃走了！”

“什么时候的事？”雪莉追问道。

“应该，应该是一个小时前吧。”俘虏吞吞吐吐地说。

“到底是多久？”性急的娜娜大声追问。把俘虏吓了一大跳：“一个小时，整整一个小时，绝无虚言，真的！”

“都这么久了，我们还能追上毒牙头吗？”黛绮丝担心地看向雪莉。

雪莉没有急着回答，而是继续盘问俘虏：“毒牙头离开时，每分钟能走多少米？”

“毒牙头有一条腿受过伤，以我对它的了解，每分钟不会超过3米。”

“这就好计算了，毒牙头每分钟能前进 3 米，我们蚂蚁的行军速度是每分钟 5 米。”雪莉正说着，黛绮丝在一边打断它道：“如果是急行军，最快可以达到每分钟 6 米呢。”

雪莉点点头，继续说：“1 小时 =60 分钟。毒牙头先出发，已经走了 60×3=180（米）。而我们每分钟比毒牙头快 6−3=3（米）。只要算出在 3 米 / 分的速度下，走完 180 米要多久就可以了。”

“180÷3=60（分钟），也就是一个小时，我明白了。”

看来，得赶紧把这个坏家伙抓回来了，否则等它回到毒牙城就更麻烦了。

追踪罪魁祸首

蚁族联军马不停蹄地向毒牙城追击，一路上俘虏了许多蜈蚣族的逃兵。据它们说，毒牙头被吓破了胆，根本没时间停下来组织像样的抵抗。

“只有少数顽固不化的毒蜈蚣追随着它，也许，它们还相信毒牙头手中的宝柜能带领蜈蚣族东山再起。”一个蜈蚣族俘虏告诉黛绮丝。

“既然这样，我们决不能给毒牙头喘息的机会。”黛绮丝坚定地说。也许毒牙头可以用宝柜作为诱饵，重新鼓动一批野心家加入它的队伍，那又会给大家带来不少麻烦。

当蚁族联军兵临毒牙城下时，这里几乎变成了一座不设防的城市，大门守卫早已逃得不知去向。

“根据我的侦察，毒牙头逃进了王宫之中。”露西向黛绮丝汇报。

黛绮丝刚想下令进入王宫，突然又停下了脚步。

“前面有条走廊，十分狭窄，不利于大部队展开，而毒牙头却可以凭借有利地形负隅顽抗。所以我得先弄清楚里面地形，才能尽量避免伤亡。”

“伟大的将军，您不但勇敢，而且爱兵如子。”露西夸奖道，“我倒是从还没来得及逃掉的蜈蚣族卫兵那里缴获了毒牙头的防守计划。”它把一张纸条递到黛绮丝面前。上面写着这样一些文字：

“在环形走廊内每隔一段距离埋下毒液炸弹，再把该死的蚂蚁们引入皇宫前的圆形走廊，让它们统统有来无回！”

“真恶毒，要不是缴获了这份计划，我们可就危险了。”黛绮丝气愤地说道。

“不过，环形走廊是进入皇宫的必经之路，我们必须得排除毒液炸弹才能抓到毒牙头。”雪莉思索道，“现在最关键的，是要搞清楚环形走廊内到底埋了多少炸弹？”

“据我所知，这个环形走廊的半径为 10 米，每隔 3.14 米就埋下了一颗毒液炸弹。”蜈蚣俘虏们急于表功，将自己所掌握的情报和盘托出。

“这可怎么计算呢？”露西皱起眉头。如果走廊是笔直的，那么用总的长度除以每一段的距离就可以得到结果。可这走廊是环形的，甚至连它的长度都不知道。

“没关系，我们可以把它看作一个圆。而环形走廊就是这个圆的外围，圆的周长就是环形走廊的总长度。”雪莉想到了办法。

“但我们并不知道走廊的总长度。”黛绮丝说，“也许我们可以用一根绳子绕走廊拉一周来测量。”

“不需要，我们已经知道了它的半径，就可以求出周长。”雪莉告诉大家，“圆的周长 $=2\pi r$。$\pi=3.14$，$r=$ 半径 $=10$。那么圆周长 $=2\times3.14\times10$。”

“你还没有算出结果呢。”娜娜插嘴说，“有了结果，我们才能除以每颗炸弹相隔的距离，得到最终结果。”

“哈哈，不需要那么麻烦。炸弹相隔的距离是 3.14 米，最后的算式可以写作 $2\times3.14\times10\div3.14$，3.14 一乘一除，相互抵消，最后的结果是 20（颗）。”

黛绮丝这下心里有数了。

“做好准备，进王宫捉拿毒牙头！”

物归原主

经过一番激烈的苦战，蚁族战士们终于全部消灭了毒牙头手下的残兵败将，并在密道深处生擒了毒牙头和托妮。

“你怎么能背叛自己的族人？”黛绮丝斥责托妮。

“都怪我一时鬼迷心窍，被嫉妒蒙蔽了双眼。”托妮追悔莫及。

“交出宝柜，物归原主是你唯一的出路。”黛绮丝义正严辞地说道。它搜过毒牙头的身，发现宝柜不知去向，一定是被毒牙头藏了起来。

“小蚂蚁们，你们再也见不到宝柜了，我得不到的东西，别人也别想得到！嘿嘿！”毒牙头狞笑道。

“听我说，宝柜被毒牙头藏进了我们背后的保险箱里。”托妮大声揭发毒牙头。

“你这个叛徒，到哪里都是叛徒！”毒牙头还死鸭子嘴硬。

“打开保险箱不就行了？”露西想要动手，托妮却说：“先别忙，保险箱有三个暗格，你只有把正确数量的小石子儿放进各个暗格中才能打开保险箱，否则就会启动自毁装置。宝柜也会化为灰烬。”

“那么，小石子儿该怎么放？”黛绮丝逼问毒牙头。可毒牙头一声不吭，看来准备顽抗到底。

“在它放进宝柜的时候，嘴里一直在唠叨个不停，我偷听到一点儿。”托妮说，“据毒牙头说，上层应该放进 30 颗小石子儿。中层暗格放的小石子儿数是上层的$\frac{1}{3}$，而下层暗格放的小石子儿是中层的$\frac{4}{5}$。

“但是，我没看见另两层到底放了多少颗小石子儿。”托妮为难地说。

看来，毒牙头也不准备老实交代。这可怎么办呢？

“这个问题听上去有些复杂，其实可以用分数的连续相乘来解决。”雪莉说。

“分数的连续相乘？”大家简直是闻所未闻，都好奇地看着雪莉。

“对，上层暗格的石子儿数为 30，中层是它的$\frac{1}{3}$，而下层又是中层的$\frac{4}{5}$，我们把这几个数连续相乘，就能得到各自的数量。”雪莉写下了一个算式：

$30 \times \frac{1}{3} \times \frac{4}{5}$

“$30\times\frac{1}{3}=10$，$10\times\frac{4}{5}=8$，下层应该放 8 个小石子儿，而中层放 10 个小石子儿。”雪莉自信地说。

“确定没问题吧？”黛绮丝有点儿犹豫，毕竟万一出错的话，一切就全毁了。

“没问题，让我们相信数学的力量吧！”雪莉将相应的小石子儿放进保险箱。“啪”的一声，门弹开了。

当黛绮丝从保险箱中取出宝柜时，这场风波终于尘埃落定。黛绮丝把毒牙头交给浆果头等蜈蚣族战士处置。而托妮嘛，也会受到它应有的惩罚。宝柜终于回到了原主人的手中，而红森林也恢复了往日的宁静。

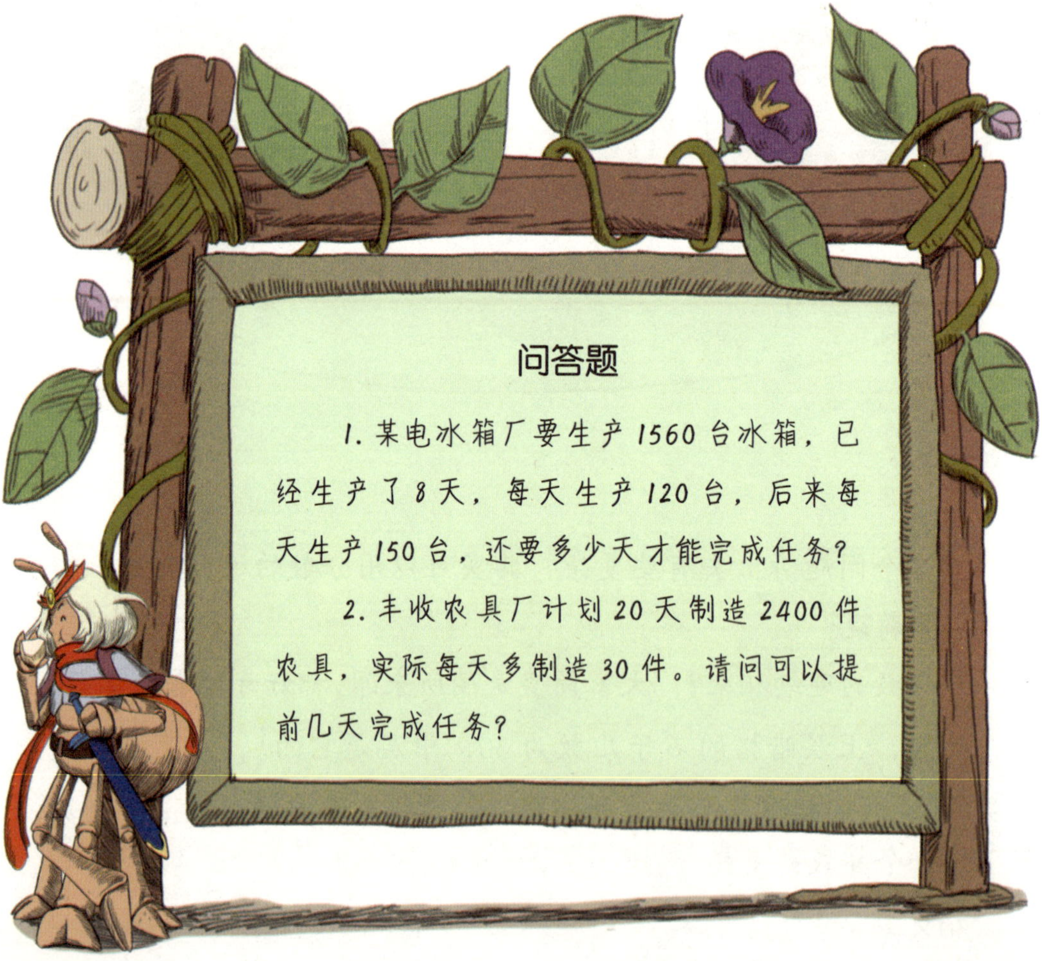